Sept brèves leçons
de physique

Carlo Rovelli

Sept brèves leçons de physique

Traduit de l'italien par
Patrick Vighetti

Titre original :
Sette brevi lezioni di fisica
© 2014 by Adelphi Edizioni S.p.A., Milano

Pour la traduction française :
© Odile Jacob, septembre 2015
15, rue Soufflot, 75005 Paris

www.odilejacob.fr

ISBN : 978-2-7381-3312-0

Sommaire

Préambule

Ces leçons sont destinées à ceux qui ne connaissent rien ou pas grand-chose à la physique. Elles donnent un aperçu rapide des aspects les plus importants et fascinants de la grande révolution qui a bouleversé la physique au xxe siècle. Et surtout des questions et des mystères que cette révolution a soulevés. La science nous montre comment mieux comprendre le monde, mais elle nous révèle aussi l'étendue de ce que nous ne savons pas encore.

La première leçon est dédiée à la théorie de la relativité générale d'Albert Einstein, la « plus belle des théories ». La deuxième à la mécanique quantique, qui cache les aspects les plus déconcertants de la physique contemporaine. La troisième au cosmos : l'architecture de l'Univers que nous habitons. La quatrième aux particules élémentaires. La cinquième à la gravité quantique : l'effort d'élaborer une synthèse des grandes découvertes du xxᵉ siècle. La sixième à la probabilité et la chaleur des trous noirs. La dernière section de ce petit livre, en conclusion, revient sur nous-mêmes, et se demande comment nous pouvons nous penser dans ce monde si étrange que décrit la physique.

Ces leçons développent une série d'articles publiés par l'auteur dans le supplément culturel du quotidien *Il Sole 24 Ore*. L'auteur remercie le directeur Armando Massarenti qui a eu le mérite d'ouvrir le supplément à la science, en en soulignant le rôle de partie intégrante et vitale de la culture.

La plus belle des théories

Adolescent, Albert Einstein a passé un an à ne rien faire. Si on ne perd pas son temps, on n'arrive nulle part, chose que les parents d'adolescents oublient souvent. Il se trouvait à Pavie. Il y avait rejoint sa famille après avoir abandonné ses études en Allemagne, où il supportait mal la rigueur du lycée. C'était le début du siècle et, en Italie, les débuts de la révolution industrielle. Son père, ingénieur, installait les premières centrales électriques dans la plaine du Pô. Albert lisait Kant et suivait quelques cours à l'Université de Pavie, pour se divertir, sans être inscrit ni passer d'examens. C'est de cette façon qu'on devient un vrai scientifique.

Puis il s'était inscrit à l'Université de Zurich et s'était immergé dans la physique. Quelques années plus tard, en 1905, il avait adressé trois articles à la principale revue scientifique de l'époque, les *Annalen der Physik*. Chacun de ces trois articles valait un prix Nobel. Le premier montrait que les atomes existent vraiment. Le deuxième ouvrait la voie à la théorie des quanta, dont je parlerai dans la prochaine leçon. Le troisième présentait sa première théorie de la relativité, celle qu'on appelle aujourd'hui la « relativité restreinte », la théorie qui explique que le temps ne s'écoule pas de manière égale pour tout le monde : des jumeaux se retrouvent avec des âges différents si l'un des deux a voyagé à grande vitesse.

Einstein devient brusquement un scientifique de renom et reçoit des offres de poste de plusieurs universités. Mais quelque chose le trouble : sa théorie de la relativité, tout de suite célébrée, ne cadre pas avec ce que nous savons de la gravité, c'est-à-dire avec la manière dont les choses tombent. Il s'en aperçoit en rédigeant un article qui résume sa théorie, et se demande si la vieille et vénérée « gravitation universelle » du grand Newton ne devrait pas être revue elle aussi, pour la rendre compatible avec la nouvelle relativité. Il s'immerge dans le problème. Il lui faudra dix ans pour le résoudre. Dix ans d'études frénétiques, d'essais, d'erreurs, de confusions, d'articles erronés, d'idées fulgurantes, d'idées fausses. Finalement, en novembre 1915, il envoie à l'imprimerie un article avec la solution complète : une nouvelle théorie de la relativité, à laquelle il donne le nom de « théorie de la relativité générale », son chef-d'œuvre. La « plus belle des théories scientifiques », selon le grand physicien russe Lev Landau.

Il y a des chefs-d'œuvre absolus qui nous émeuvent profondément, le *Requiem* de Mozart, l'*Odyssée*, la chapelle Sixtine, *Les Misérables*... En saisir la splendeur peut réclamer un parcours d'apprentissage. La récompense en est la beauté pure. Mais pas seulement : elle est aussi la révélation d'un nouveau regard sur le monde. La relativité générale, le joyau d'Albert Einstein, est l'un de ces chefs-d'œuvre.

Je me souviens de mon émotion quand j'ai commencé à y comprendre quelque chose. C'était l'été. J'étais sur une plage de Calabre, à Condofuri, baigné par le soleil de la grécité méditerranéenne, à l'époque de ma dernière année universitaire. Les périodes de vacances sont celles où l'on étudie le mieux, car on n'est pas distrait par l'école. J'étudiais dans un livre aux bords rongés par les souris, car je l'avais utilisé pour boucher les trous de ces pauvres bestioles, la nuit, dans la maison délabrée un peu hippie sur la colline d'Ombrie où j'allais me réfugier de l'ennui des cours universitaires à Bologne. De temps en temps, je levais les yeux du livre pour regarder la mer scintiller : j'avais l'impression de voir la courbure de l'espace et celle du temps imaginées par Einstein.

C'était magique : comme si un ami me murmurait à l'oreille une extraordinaire vérité cachée et enlevait d'un coup un voile à la réalité pour en révéler un ordre plus simple et plus profond. Depuis que nous avons appris que la Terre est ronde et tourne comme une toupie folle, nous avons compris que la réalité n'est pas ce que nous voyons : chaque fois que nous en entrevoyons un aspect nouveau, c'est une émotion. Un autre voile qui tombe.

Mais parmi les nombreux bonds en avant de notre savoir effectués l'un après l'autre au cours de l'histoire, celui qu'a accompli Einstein est sans égal. Pourquoi ? En premier lieu parce que, dès qu'on commence à la comprendre, la théorie se révèle d'une simplicité sidérante. J'en résume l'idée :

Newton avait essayé d'expliquer la raison pour laquelle les corps tombent et les planètes tournent. Il avait imaginé une « force » qui attire tous les corps l'un vers l'autre, et l'avait appelée « force de gravité ». Comment cette force faisait-elle pour attirer des corps éloignés l'un de l'autre, sans qu'il y ait rien entre eux, on ne pouvait pas le savoir, et le grand-père de la science s'était prudemment gardé de hasarder des hypothèses. Newton avait aussi imaginé que les corps se déplaçaient dans l'espace, et que l'espace était un immense conteneur vide, une grosse caisse de rangement universelle, un immense rayonnage au sein duquel les objets courent tout droit jusqu'à ce qu'une force les fasse dévier. De quoi cet « espace » contenant le monde, imaginé par Newton, était fait, cela non plus on ne pouvait pas le savoir.

Mais quelques années avant la naissance d'Albert, deux grands physiciens britanniques, Faraday et Maxwell, avaient ajouté un ingrédient au monde froid de Newton : le champ électromagnétique. Le champ est une entité réelle répandue partout, qui remplit l'espace, vibre et ondule comme la surface d'un lac, porte les ondes radio, et « véhicule » la force électrique. Einstein, fasciné depuis l'adolescence par le champ électromagnétique qui faisait tourner les rotors des centrales électriques que construisait son père, comprend vite que la gravité, elle aussi, comme l'électricité, doit être portée par un champ : il doit exister un « champ gravitationnel », analogue au champ électrique. Il essaie de comprendre comment peut être fait ce champ gravitationnel et quelles équations peuvent le décrire.

Et c'est là qu'arrive l'idée extraordinaire, le pur génie : le champ gravitationnel n'est pas répandu *dans* l'espace : le champ gravitationnel *est* l'espace. Telle est l'idée de la théorie de la relativité générale.

L'espace de Newton, dans lequel les corps se déplacent, et le champ gravitationnel qui porte la force de gravité sont une seule et même chose.

C'est une illumination. Une simplification impressionnante du monde. L'espace n'est plus quelque chose de différent de la matière ; c'est une des composantes « matérielles » du monde. Une entité qui ondule, s'infléchit, se courbe, se tord. Nous ne sommes pas contenus dans un invisible rayonnage rigide : nous sommes immergés dans un immense mollusque flexible. Le Soleil plie l'espace autour de lui, et la Terre ne lui tourne pas autour parce qu'elle serait attirée par une force mystérieuse, mais parce qu'elle court tout droit dans un espace qui s'incline. Comme une bille qui roule dans un entonnoir : il n'y a pas de forces mystérieuses générées par le centre de l'entonnoir, c'est la courbure des parois qui fait tourner la bille. Les planètes tournent autour du Soleil et les objets tombent parce que l'espace se courbe.

Comment décrire cette courbure de l'espace ? Le plus grand mathématicien du XIXᵉ siècle, Carl Friedrich Gauss, « prince des mathématiciens », avait inventé la mathématique nécessaire pour décrire les surfaces courbes, comme la surface des collines. Puis il avait demandé à son meilleur étudiant d'étendre le tout à des espaces courbes à trois dimensions et plus. L'étudiant, Bernhard Riemann, avait produit une grosse thèse de doctorat, de celles qui semblent complètement inutiles. Le résultat était que les propriétés d'un espace courbe sont saisies par un certain objet mathématique, qu'on appelle aujourd'hui la courbure de Riemann et qu'on indique par la lettre R. Einstein écrit une équation qui dit que R est proportionnel à l'énergie de la matière. Autrement dit : l'espace se courbe là où il y a de la matière. C'est tout. L'équation tient en une demi-ligne, pas plus. Une vision − l'espace se courbe − et une équation.

Mais cette équation renferme un univers kaléidoscopique complètement inattendu. Et c'est ici que s'ouvre la richesse magique de la théorie. Une succession fantasmagorique de prédictions qui semblent les délires d'un fou, mais qui l'une après l'autre ont toutes été vérifiées.

Pour commencer, l'équation décrit comment l'espace se courbe autour d'une étoile. À cause de cette courbure, non seulement les planètes tournent autour de l'étoile, mais la lumière dévie elle aussi. En 1919, la mesure est réalisée et la déviation de la lumière est observée.

Mais l'espace n'est pas le seul à se courber ; le temps également se courbe. Einstein prédit que le temps passe plus vite en haut, en altitude, et plus lentement en bas, près de la Terre. On le mesure et on le constate. L'écart est petit, mais le jumeau qui a vécu au bord de la mer retrouve son jumeau qui a vécu à la montagne plus vieux que lui. Et ce n'est qu'un début.

Lorsqu'une grande étoile a brûlé tout son combustible (l'hydrogène), elle finit par s'éteindre. Ce qui reste n'est plus soutenu par la chaleur de la combustion et s'effondre sous son propre poids, jusqu'à courber l'espace au point d'y creuser un véritable trou. Ce sont les fameux *trous noirs*. Lorsque j'étudiais à l'université, il s'agissait là de prédictions peu crédibles d'une théorie ésotérique. Aujourd'hui, on observe des milliers de trous noirs dans l'espace et les astronomes les étudient en détail. Mais ce n'est pas tout.

L'espace entier peut s'étendre et se dilater ; l'équation d'Einstein indique même que l'espace ne peut pas demeurer immobile, il *doit* être en expansion. En 1930, l'expansion de l'Univers est effectivement observée. La même équation prédit que l'expansion a dû être déclenchée par l'explosion d'un jeune Univers, très petit et très chaud : c'est le Big Bang. Une fois de plus, personne n'y croit, mais les preuves s'accumulent, jusqu'à l'observation du *rayonnement cosmique* dans le ciel : la lueur diffuse qui reste de la chaleur de l'explosion initiale. La prédiction de l'équation d'Einstein est correcte.

La théorie prédit encore que l'espace se ride comme la surface de la mer, et les effets de ces « ondes gravitationnelles » sont observés dans le ciel sur les étoiles binaires, et confirment les prévisions de la théorie avec une étonnante précision d'un sur cent milliards. Et ainsi de suite.

En somme, la théorie décrit un monde coloré et stupéfiant, où des univers explosent, l'espace se creuse de trous sans issue, le temps ralentit quand on descend sur une planète, les étendues infinies d'espace interstellaire se rident et ondoient comme la surface de la mer... Et tout cela, qui émergeait petit à petit de mon livre rongé par les souris, n'était pas une fable racontée par un idiot dans un accès de fureur, ni l'effet du brûlant soleil de Calabre, hallucination sur le scintillement de la mer. Non : c'était la réalité.

Ou mieux, un regard vers la réalité un peu moins voilé que celui de notre banalité quotidienne brouillée. Une réalité qui paraît constituée elle aussi de la matière dont sont faits les rêves, mais cependant plus réelle que notre nébuleux rêve quotidien.

Tout cela est le résultat d'une intuition élémentaire – l'espace et le champ sont une seule et même chose – et d'une équation simple, que je ne résiste pas au désir de reproduire ici, même si mon lecteur ne saura sans doute pas la déchiffrer. Mais j'aimerais qu'il en voie au moins la simplicité :

$$R_{ab} - \frac{1}{2} R\, g_{ab} = T_{ab}$$

Tout est là. Certes, il faut un parcours d'apprentissage pour digérer la mathématique de Riemann et maîtriser la technique nécessaire pour lire cette équation. Mais moins que ce qui est nécessaire pour arriver à apprécier la beauté rare d'un des derniers quatuors de Beethoven. Dans un cas comme dans l'autre, la récompense est la beauté, et un regard nouveau sur le monde.

Les quanta

Les deux piliers de la physique du xxe siècle, la relativité générale dont j'ai parlé dans le premier cours, et la mécanique quantique dont je vais parler maintenant, ne pourraient être plus différents. Les deux théories nous enseignent que la structure fine de la nature est plus subtile de ce que nous croyions. Mais elles sont très différentes. La relativité générale est une gemme compacte. Conçue par un seul cerveau, celui d'Albert Einstein, elle offre une vision simple et cohérente de l'ensemble gravité, espace et temps. La mécanique quantique, ou « théorie des quanta », au contraire, a d'un côté obtenu un succès expérimental sans égal et conduit à des applications qui ont changé notre vie quotidienne (l'ordinateur sur lequel j'écris, par exemple), mais de l'autre, un siècle après sa naissance, elle reste baignée d'un étrange parfum d'incompréhensibilité et de mystère.

On a coutume de dire que la mécanique quantique naît exactement en 1900, comme pour ouvrir un siècle de grandes nouveautés de la pensée. Le physicien allemand Max Planck calcule le champ électrique en équilibre à l'intérieur d'une boîte chaude. Pour ce faire, il recourt à un truc : il imagine que l'énergie du champ est distribuée en « quanta », c'est-à-dire en petits paquets, en grumeaux d'énergie. La procédure conduit à un résultat qui reproduit parfaitement ce qu'on mesure (elle doit donc être en quelque façon correcte), mais va à l'encontre de tout ce qu'on savait à l'époque. L'énergie était considérée comme une chose qui varie de manière continue : on n'avait aucune raison de la traiter comme si elle était constituée de petites briques.

Pour Max Planck, traiter l'énergie comme si elle était formée de petits paquets avait été un truc de calcul bizarre : il n'avait pas compris pourquoi cela marchait. C'est Albert Einstein, encore lui, qui va comprendre cinq ans plus tard que les « paquets d'énergie » sont des objets réels.

Einstein montre que la lumière est faite de petits paquets : des particules de lumière. Aujourd'hui nous les nommons « photons ». Dans l'introduction de l'article où il présente cette idée, il écrit : « Il me semble que les observations relatives à la fluorescence, à la production des rayons cathodiques, au rayonnement électromagnétique d'une boîte chaude, ou à d'autres phénomènes similaires liés au processus d'émission ou de transformation de la lumière, pourraient être comprises plus facilement si l'on considérait l'hypothèse que l'énergie de la lumière est distribuée dans l'espace de façon *discontinue*. Ici, je considère l'hypothèse que l'énergie d'un rayon de lumière émis par une source ponctuelle ne va pas se distribuer d'une façon continue sur un espace toujours plus vaste, mais est au contraire constituée d'un nombre fini de quanta d'énergie localisés dans des points de l'espace, qui se déplacent sans subir de division et peuvent être produits ou absorbés un par un. »

Ces lignes, simples et claires, sont le véritable acte de naissance de la théorie des quanta. Notez le merveilleux « Il me semble » initial, qui rappelle le « Je pense… » par lequel, dans ses carnets, Darwin introduit la grande idée que les espèces évoluent, ou encore l'« hésitation » dont parle Faraday lorsqu'il lance dans son livre l'idée révolutionnaire de champ électrique. Le génie hésite.

Le travail d'Einstein est d'abord regardé par ses collègues comme une sottise de jeunesse d'un garçon brillant. Par la suite, il lui vaudra le Nobel. Si Planck est le père naturel de la théorie, c'est Einstein qui en a accouché et qui l'a fait grandir.

Mais, comme tous les enfants, la théorie a ensuite pris son propre envol, et Einstein ne l'a plus reconnue. Durant les années 1910-1920, c'est le Danois Niels Bohr qui en conduit le développement. C'est lui qui comprend que l'énergie des électrons dans les atomes ne peut prendre elle aussi que certaines valeurs quantifiées, comme l'énergie de la lumière, et que les électrons « sautent » de l'une à l'autre des orbites atomiques, en émettant ou en absorbant un photon. Ce sont les fameux « sauts quantiques ». C'est dans son institut, à Copenhague, que se réunissent les jeunes les plus brillants du siècle pour tenter de mettre de l'ordre dans ces incompréhensibles comportements du monde des atomes, et d'en tirer une théorie cohérente.

En 1925 arrivent enfin les équations de la théorie, qui remplacent toute la mécanique de Newton. Difficile d'imaginer plus grand triomphe. D'un coup, tout se met en place, et on peut tout calculer. Un seul exemple : vous vous rappelez le tableau périodique des éléments, celui de Mendeleïev, la liste des

éléments chimiques dont l'Univers est constitué,
depuis l'hydrogène jusqu'à l'uranium, et que l'on
trouve dans les salles de classe ? Pourquoi les éléments
chimiques sont-ils précisément ceux qui sont listés là,
pourquoi le tableau périodique a-t-il cette structure,
avec ces périodes, et les éléments ces propriétés-là ?
La réponse est que chaque élément est une solution
de l'équation de base de la mécanique quantique.
Toute la chimie découle de cette simple équation.
Les équations de la nouvelle théorie sont trouvées
par un très jeune Allemand, Werner Heisenberg, sur
la base d'idées vertigineuses.

Heisenberg suppose que les électrons n'existent
pas *tout le temps*, mais seulement lorsque quelqu'un
les regarde ou, mieux, lorsqu'ils interagissent avec
quelque chose d'autre. Ils se matérialisent dans un
lieu lorsqu'ils heurtent quelque chose. Les sauts quantiques d'une orbite à une autre sont leur seule façon
d'être réels : un électron est l'ensemble des sauts
d'une interaction à une autre. Lorsque personne ne
le dérange, l'électron n'est en aucun lieu précis. Il
est nulle part.

C'est comme si Dieu n'avait pas dessiné la réalité
d'un trait continu, mais s'était contenté d'un pointillé.

Dans la mécanique quantique, aucun objet n'a de position définie, si ce n'est lorsqu'il se heurte à quelque chose d'autre. Pour le décrire à mi-chemin entre une interaction et une autre, on utilise une fonction mathématique abstraite qui ne vit pas dans l'espace réel, mais dans des espaces mathématiques abstraits.

Il y a pire : ces sauts par lesquels chaque objet passe d'une interaction à une autre ne se produisent pas de manière prévisible, mais au hasard. Il n'est pas possible de prévoir l'endroit où un électron réapparaîtra. Il est seulement possible de calculer la *probabilité* qu'il apparaisse ici ou là. La probabilité intervient au cœur de la physique, là où tout semblait réglé par des lois univoques et inéluctables.

Cela vous semble absurde ? Cela semblait absurde à Einstein. D'un côté, il proposait Werner Heisenberg pour le prix Nobel, reconnaissant qu'il avait saisi quelque chose de fondamental du monde, de l'autre, il ne manquait pas une occasion de ronchonner que ça ne pouvait pas être simplement comme ça.

Les jeunes lions de la bande de Copenhague étaient consternés : comment cela, Einstein ? Leur père spirituel, l'homme qui avait eu le courage de penser l'impensable, reculait à présent, avait peur de ce nouveau bond en avant vers l'inconnu, qu'il avait lui-même déclenché ? Ce même Einstein qui nous avait enseigné que le temps n'est pas universel et que l'espace se courbe, disait maintenant que le monde ne peut pas être si étrange ?

Niels Bohr, patiemment, expliquait à Einstein les idées nouvelles. Einstein objectait. Il échafaudait des expériences imaginaires pour montrer que ces idées étaient contradictoires : « Supposons une boîte pleine de lumière, de laquelle nous laissons sortir un court instant un seul photon... » Voilà comment commençait l'un de ses exemples, l'expérience imaginaire de la « boîte à lumière ». Bohr, au bout du compte, parvenait toujours à trouver la réponse et à repousser les objections. Le dialogue s'est poursuivi des années durant, dans des conférences, des lettres, des articles...

Au cours de l'échange, les deux grands hommes ont dû tous les deux reculer, changer d'idée. Einstein a dû reconnaître que, effectivement, il n'y avait pas de contradiction dans les idées nouvelles. Bohr a dû reconnaître que les choses n'étaient pas aussi simples et claires qu'il le pensait initialement. Einstein ne voulait pas céder sur le point qu'il jugeait essentiel : qu'il existe une réalité objective indépendamment de qui interagit avec qui. Bohr ne voulait pas céder sur la validité de la façon profondément nouvelle dont le réel était conceptualisé par la nouvelle théorie. Finalement, Einstein accepta le fait que la théorie était un immense pas en avant dans la compréhension du monde, mais il resta convaincu que les choses ne pouvaient pas être si étranges et que, « derrière » cette nouvelle physique quantique, il devait se trouver une explication plus raisonnable.

Un siècle s'est écoulé, et nous en sommes au même point. Les équations de la mécanique quantique et leurs conséquences sont utilisées quotidiennement par des physiciens, des ingénieurs, des chimistes et des biologistes dans les domaines les plus divers de la technologie. Pas de transistor, et donc d'ordinateurs, sans mécanique quantique. Mais elles demeurent mystérieuses : elles ne décrivent pas ce qui arrive à un système physique, mais seulement la façon dont un système agit sur un autre. Qu'est-ce que cela signifie ? Que la réalité essentielle est indescriptible ? Qu'il manque un morceau de l'histoire ? Ou, comme je le crois, que nous devons accepter l'idée que la réalité n'est qu'interaction ?

Notre connaissance grandit, et elle s'accroît vraiment. Elle nous permet de réaliser des choses nouvelles que nous n'imaginions même pas. Elle arrive à répondre à beaucoup de questions sur lesquelles nous étions dans la confusion : pas seulement des « comment ? » mais aussi beaucoup de « pourquoi ? ». Mais cet élargissement de la connaissance ouvre de nouvelles questions, dévoile de nouveaux mystères. Ceux qui utilisent les équations de la théorie en général ne s'en préoccupent pas, mais physiciens et philosophes continuent à s'interroger, et les articles et les congrès sur ces questions se multiplient. Qu'est-ce que la théorie des quanta un siècle après sa naissance ? Un extraordinaire plongeon au plus profond de la nature de la réalité ? Une erreur, qui fonctionne par hasard ? Un morceau incomplet du puzzle ? Ou un indice de quelque chose de profond qui a trait à la structure du monde et que nous n'avons pas encore bien digéré ?

Lorsque Einstein meurt, Bohr, le grand rival, a des mots d'admiration émue. Lorsque, quelques années plus tard, Bohr meurt, quelqu'un prend une photo du tableau de son bureau : on y voit un dessin. Il représente la « boîte à lumière » de l'expérience mentale d'Einstein. Jusqu'au bout, la volonté de se confronter et de comprendre. Jusqu'au bout, le doute.

L'architecture du cosmos

Dans la première moitié du XXe siècle, Einstein a décrit la trame de l'espace et du temps avec la théorie de la relativité, tandis que Bohr et ses jeunes amis ont saisi par des équations l'étrange nature quantique de la matière. Dans la seconde moitié du siècle, les physiciens ont bâti sur ces fondements, en appliquant les deux nouvelles théories aux domaines les plus divers : du macrocosme de la structure de l'Univers au microcosme des particules élémentaires. Je parlerai ici du macrocosme, et du microcosme dans le cours suivant.

Cette leçon est surtout constituée de petits dessins. Car la science, avant d'être faite d'expériences, de mesures, de calculs mathématiques, de déductions rigoureuses, est surtout faite de visions. La science est une activité avant tout visionnaire. La pensée scientifique

31

se nourrit de la capacité de « voir » les choses de façon différente de celle dont nous les voyions précédemment. Sans prétentions, voilà un bref voyage parmi des visions.

Première image :

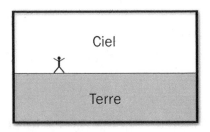

Elle représente le cosmos tel qu'on l'a conçu durant des milliers d'années : la Terre en bas, le Ciel en haut. La première grande révolution scientifique est réalisée par Anaximandre il y a vingt-six siècles. Pour expliquer comment il est possible au Soleil, à la Lune et aux étoiles de tourner autour de nous, Anaximandre remplace cette image du cosmos par cette autre :

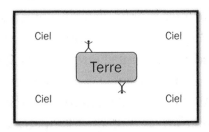

Le Ciel est maintenant tout autour de la Terre, pas seulement au-dessus d'elle, et la Terre est un rocher qui flotte dans l'espace sans tomber. Bientôt quelqu'un (peut-être Pythagore, peut-être Parménide) se rend compte que la forme la plus raisonnable pour cette Terre qui vole, pour laquelle toutes les directions se valent, est une sphère. Aristote fournit des arguments scientifiques convaincants pour confirmer la sphéricité de la Terre et des cieux autour de la Terre, où cheminent les astres. Voici l'image du cosmos qui en résulte :

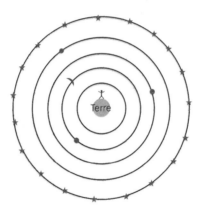

C'est le cosmos que décrit Aristote dans son traité *Du ciel*, et l'image du monde qui restera caractéristique des civilisations autour de la Méditerranée jusqu'à la fin du Moyen Âge. C'est cette image du monde qu'étudient à l'école Dante et Rabelais.

Le saut suivant, c'est Copernic qui l'accomplit, en inaugurant ce qu'on va appeler la grande révolution scientifique. Le monde de Copernic n'est pas très différent de celui d'Aristote :

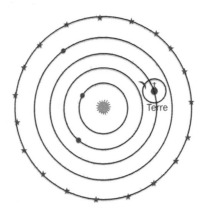

Mais il comporte une différence fondamentale : en reprenant une idée déjà considérée dans l'Antiquité, puis abandonnée, Copernic comprend et montre que notre Terre n'est pas au centre de la danse des planètes. C'est le Soleil qui est au centre. Notre chère Terre devient une planète comme une autre, qui tourne à grande vitesse sur elle-même et autour du Soleil.

L'accroissement de la connaissance ne s'arrête pas et, très vite, nos instruments s'améliorent et nous permettent de découvrir que le Système solaire n'est à son tour qu'un système parmi beaucoup d'autres, et notre Soleil une étoile comme les autres. Un petit grain infinitésimal dans un immense nuage d'étoiles, de centaines de milliards d'étoiles, la Galaxie :

Mais, vers les années 1930, les mesures précises des astronomes sur les nébuleuses – petits nuages blanchâtres disséminés dans le ciel parmi les étoiles – montrent que notre Galaxie à son tour n'est qu'un grain de poussière au sein d'un immense nuage de galaxies, de centaines de milliards de galaxies, qui s'étend à perte de vue jusque là où nos télescopes les plus puissants parviennent à voir. Le monde est devenu une immense étendue uniforme. La figure qui suit n'est pas un dessin : c'est une photo, prise par *Hubble,* le télescope en orbite autour de la Terre. Elle montre une image du ciel le plus profond que nous parvenions à voir avec le plus puissant de nos télescopes : à l'œil nu, ce serait une minuscule portion de ciel noir. Au télescope, on voit apparaître un nuage de galaxies très lointaines. Chaque petit point noir de l'image est une galaxie contenant cent milliards de soleils semblables au nôtre. Depuis quelques années, nous avons compris que la plupart de ces soleils sont entourés de planètes. Il existe ainsi dans l'Univers des milliers de milliards de milliards de planètes comme la Terre, quelle que soit la direction du ciel où nous regardons.

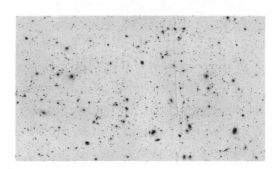

Cette uniformité infinie, à son tour, n'est qu'apparente. Comme je l'ai illustré dans la première

leçon, l'espace n'est pas plat, mais courbe. La trame
de l'Univers, saupoudrée de galaxies, nous devons
l'imaginer plissée par des ondes semblables aux vagues
de la mer, parfois tellement agitées que cela crée les
gouffres que sont les trous noirs. Revenons donc
aux images dessinées, pour représenter cet Univers
sillonné de grandes ondes.

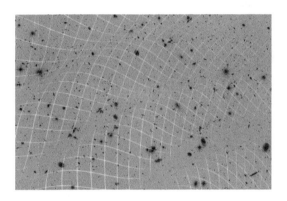

Enfin, nous savons aujourd'hui que ce cosmos
immense, élastique et constellé de galaxies, est en
train de grandir depuis une quinzaine de milliards
d'années à partir d'un petit nuage très chaud et très
dense. Pour représenter cette vision, nous ne devons
plus dessiner l'Univers, mais retracer toute son histoire. La voici :

L'Univers naît comme une petite balle, puis explose jusqu'à ses dimensions cosmiques. Voilà quelle est l'image actuelle de notre Univers, à la plus grande échelle que nous connaissions.

Y a-t-il autre chose ? Y avait-il quelque chose avant ? C'est possible. J'en parlerai dans deux leçons. Existe-t-il d'autres univers semblables, ou différents ? Nous ne le savons pas.

Particules

Dans l'univers décrit à la leçon précédente, la lumière et les objets se déplacent. La lumière est constituée de photons, les particules de lumière comprises par Einstein. Les objets sont constitués d'atomes. Chaque atome est un noyau entouré d'électrons. Chaque noyau est constitué de protons et neutrons, étroitement comprimés. À leur tour, protons et neutrons sont faits de particules plus petites, que le physicien américain Murray Gell-Mann a baptisées « quarks », en s'inspirant d'un mot apparemment dénué de sens tiré d'une phrase dénuée de sens – « *Three quarks for Muster Mark !* » – qui figure dans *Finnegans Wake* de James Joyce. Tous les objets que nous touchons sont ainsi faits d'électrons et de quarks.

La force qui tient les quarks à l'intérieur des protons et des neutrons est générée par des particules que les physiciens, sans faire preuve de beaucoup d'imagination, appellent « gluons », de l'anglais *glue*, colle. En français, on traduirait par « collons » ; tout le monde, grâce à Dieu, utilise le terme anglais.

Électrons, quarks, photons et *gluons* sont donc les composantes de tout ce qui se déplace dans l'espace qui nous entoure. Ce sont les particules élémentaires qu'étudie la « physique des particules ». À ces particules s'en ajoutent quelques autres, par exemple les *neutrinos*, qui pullulent dans l'Univers, mais n'interagissent pratiquement pas avec nous, ou le *boson de Higgs*, mis en évidence récemment à Genève dans la grande machine du Cern ; mais en tout on en compte peu. Moins d'une dizaine de sortes de particules. Une poignée d'ingrédients élémentaires qui se comportent comme les pièces d'un gigantesque Lego avec lequel est construite toute la réalité matérielle autour de nous.

La nature de ces particules et la manière dont elles se déplacent sont décrites par la mécanique quantique. Ces particules ne sont donc pas des petits cailloux, mais plutôt les quanta de champs élémentaires, comme les photons sont les quanta du champ électromagnétique. Des excitations élémentaires d'un substrat mobile semblable au champ de Faraday et de Maxwell. Des minuscules ondelettes qui se propagent, qui disparaissent et réapparaissent suivant les règles bizarres de la mécanique quantique, où ce qui existe n'est jamais stable ; ce n'est qu'un saut incessant d'une interaction à une autre.

Même si nous observons une région vide de l'espace, où il n'y a pas d'atomes, nous trouvons tout de même un pullulement subtil de ces minuscules particules. Il n'y a pas de vrai vide. De même que la mer la plus calme vue de près ondule légèrement et frémit, de même les champs qui forment le monde fluctuent à petite échelle, et les particules, continuellement créées et détruites par ces frémissements, vivent de brèves vies éphémères.

Tel est le monde que décrivent la mécanique quantique et la physique des particules. Très éloigné du monde mécanique de Newton et Laplace, où des cailloux froids errent éternellement sur les trajectoires précises d'un espace géométrique immuable. La mécanique quantique et les expériences avec les particules nous ont enseigné que le monde est un pullulement continuel et instable d'objets, une apparition-disparition incessante d'entités éphémères.

Un ensemble de vibrations, comme dans le monde des hippies des années 1960. Un monde d'événements, pas de choses.

Les détails de la théorie des particules ont été élaborés patiemment au cours des années 1950, 1960 et 1970. Y ont contribué les grands physiciens du siècle, tels Feynman et Gell-Mann. Le résultat de cette construction est une théorie complexe, fondée sur la mécanique quantique, qui porte le nom pas très charmant de « modèle standard » des particules élémentaires. Le modèle standard, mis au point au milieu des années 1970, a été confirmé par une longue série d'expériences qui en ont vérifié toutes les prévisions. La dernière est venue avec l'observation du boson de Higgs en 2013.

Pourtant, malgré cette longue série de succès expérimentaux, le modèle standard n'a jamais été très aimé par les physiciens. C'est une théorie qui, à première vue du moins, a l'air rapetassée, faite de bric et de broc. Constituée de parties différentes regroupées sans ordre clair. Un certain nombre de champs (pourquoi ceux-là ?) interagissent entre eux par certaines forces (pourquoi celles-là ?), chacune déterminée par certaines constantes (pourquoi ces valeurs-là ?) qui respectent certaines symétries (pourquoi celles-là ?).

On est loin de la simplicité aérienne des équations de la relativité générale et de la mécanique quantique. Même la façon dont le modèle standard donne des prévisions sur le monde est grotesque. Ses équations conduisent à des prévisions insensées où toute quantité calculée est infiniment grande. Pour avoir des résultats sensés, il faut imaginer que les constantes qui définissent la théorie sont à leur tour infiniment grandes, de manière à contrebalancer les résultats absurdes et donner des résultats raisonnables. Cette procédure tortueuse et baroque porte le nom technique de « renormalisation » ; cela fonctionne dans la pratique, mais laisse un goût amer à qui est persuadé que la nature est simple.

Durant les dernières années de sa vie, Paul Dirac, le plus grand scientifique du XXᵉ siècle après Einstein, architecte de la mécanique quantique et auteur de la principale équation du modèle standard, a exprimé à plusieurs reprises son mécontentement devant cet état de choses : « Nous n'avons pas encore résolu le problème », disait-il.

Le modèle standard a un autre défaut criant. Les astronomes ont récemment observé autour de chaque galaxie les effets d'un grand halo de matière, qui révèle son existence par la force gravitationnelle : il attire les étoiles et dévie la lumière. Nous observons les effets gravitationnels de ce grand halo, mais nous n'arrivons pas à le voir directement. Il semble s'agir de quelque chose qui n'est *pas* décrit par le modèle standard, sinon nous le verrions. Nous ignorons de quoi il est fait. De nombreuses hypothèses sont examinées, aucune ne semble fonctionner. Qu'il y ait quelque chose semble désormais évident ; de quoi s'agit-il, nous ne le savons pas. On l'appelle « matière noire ». Quelque chose qui n'est ni des atomes, ni des neutrinos, ni des photons.

Il n'est pas étonnant qu'il y ait plus de choses dans le ciel et sur la Terre, cher lecteur, que ce qu'imagine notre philosophie – ou notre physique. Après tout, il n'y a pas si longtemps, nous ne soupçonnions même pas l'existence des ondes radio.

Le modèle standard reste ce que nous pouvons dire de mieux aujourd'hui sur le monde des choses. Ses prédictions ont toutes été confirmées et, à part la matière noire – et la gravité, décrite par la relativité générale comme courbure de l'espace-temps –, il décrit très bien tous les aspects du monde visible.

Des théories alternatives ont été proposées, mais elles ont été infirmées par les expériences. Une belle théorie proposée dans les années 1970, appelée du nom technique de SU(5), par exemple, remplaçait les équations faites de bric et de broc du modèle standard par une structure simple et élégante. Elle prévoyait que le proton se désintègre avec une certaine probabilité, en se transformant en particules plus légères. De grandes machines ont été construites pour observer ce phénomène. Des physiciens ont consacré leur vie à tenter de voir la désintégration d'un proton. (On ne regarde pas un proton unique car il mettrait trop de temps à se désintégrer : on prend des tonnes d'eau, qui contiennent des milliards de protons, et on place des détecteurs tout autour.) Hélas, on n'a vu aucun proton se désintégrer. La belle théorie SU(5), élégante à nos yeux, n'a pas dû plaire au bon Dieu.

L'histoire se répète aujourd'hui avec un groupe de théories dites « supersymétriques », qui prévoient l'existence d'une nouvelle classe de particules. Durant toute ma vie de physicien, j'ai écouté des collègues qui s'attendaient avec confiance à voir ces particules sous peu. Des jours se sont écoulés, des mois, des années, des décennies... À ce jour, les particules supersymétriques ne se sont pas manifestées. Existent-elles vraiment ? Peut-être pas. La physique n'est pas toujours une histoire de succès.

Restons-en donc au modèle standard. Pas très élégant peut-être, mais il décrit très bien le monde qui nous entoure. Et qui sait, à bien y regarder, peut-être n'est-ce pas lui qui n'est pas élégant ; peut-être n'avons-nous pas encore appris à le regarder du bon point de vue pour en comprendre la simplicité cachée. C'est l'idée, par exemple, du grand mathématicien français Alain Connes. Et peut-être encore la matière noire n'est-elle finalement rien de vraiment nouveau : des petits trous noirs ici là ? C'est une hypothèse possible...

Pour l'instant, voilà tout ce que nous savons de la matière. Une poignée de types de particules élémentaires, qui vibrent et flottent continuellement entre l'existence et la non-existence, qui pullulent dans l'espace même quand il semble ne rien y avoir, qui se combinent à l'infini comme les vingt lettres d'un alphabet cosmique pour raconter l'immense histoire des galaxies, des étoiles innombrables, des rayons cosmiques, de la lumière du Soleil, des montagnes, des bois, des champs de blé, des sourires des jeunes gens dans les fêtes, et du ciel noir et scintillant d'étoiles, la nuit.

Grains d'espace

Malgré leur obscurité, leur inélégance et les questions ouvertes, les théories physiques dont j'ai parlé décrivent très bien le monde. Nous devrions être plutôt contents. Nous ne le sommes pas. Parce qu'il y a une situation paradoxale au cœur de notre connaissance du monde physique.

Le XXe siècle nous a laissé les deux gemmes dont j'ai parlé : la relativité générale et la mécanique quantique. Sur la première se sont développées la cosmologie, l'astrophysique, l'étude des ondes gravitationnelles, des trous noirs et de bien d'autres aspects encore de notre connaissance du monde. La seconde est à l'origine de la physique atomique, de la physique nucléaire, de la physique des particules élémentaires, de la physique de la matière condensée et de bien d'autres domaines encore. Deux théories prodigues de dons, qui ont répondu à plusieurs de nos « pourquoi ? », et fondamentales pour la technologie contemporaine qui a changé notre mode de vie. Et pourtant, ces deux théories ne peuvent pas être justes en même temps toutes les deux, du moins sous leur forme actuelle : elles se contredisent l'une l'autre.

Un étudiant à l'université qui assiste aux cours de relativité générale le matin et à ceux de mécanique quantique l'après-midi ne peut que conclure que ses profs sont des imbéciles, ou qu'ils ont oublié de se parler depuis un siècle : ils enseignent deux images du monde complètement contradictoires. Le matin, le monde est un espace courbe où tout est continu ; l'après-midi, le monde est un espace plat où sautillent des quanta d'énergie.

Le paradoxe est que les deux théories marchent terriblement bien. La nature se comporte avec nous comme ce vieux rabbin chez qui deux hommes s'étaient rendus pour trancher un litige. Après avoir entendu le premier, le rabbin dit : « Tu as raison. » Le second insiste pour être entendu, le rabbin l'écoute et lui dit : « Tu as raison. » Alors la femme du rabbin, qui entendait la conversation depuis une pièce voisine, s'écrie : « Mais ils ne peuvent pas avoir raison tous les deux !» Le rabbin réfléchit, acquiesce et conclut : « Toi aussi, tu as raison. » Un groupe de physiciens théoriciens disséminés sur les cinq continents s'efforce laborieusement de comprendre. Leur champ d'étude s'appelle « gravité quantique » : l'objectif est de trouver une théorie, c'est-à-dire un ensemble d'équations, mais surtout une vision cohérente du monde, libérée de cette schizophrénie. Ce n'est pas la première fois que la physique se trouve confrontée à deux théories apparemment contradictoires mais qui sont de grands succès. L'effort de synthèse a souvent été récompensé dans le passé par de grands pas en avant dans notre compréhension du monde. Newton a trouvé la gravitation universelle en combinant les paraboles de Galilée avec les ellipses de Kepler. Maxwell a trouvé les équations de l'électromagnétisme en combinant les théories électrique et magnétique. Einstein a trouvé la relativité pour résoudre un conflit entre l'électromagnétisme et la mécanique.

Un physicien est donc heureux lorsqu'il rencontre un conflit de ce genre entre des théories à succès : c'est une extraordinaire opportunité. Pouvons-nous élaborer une structure conceptuelle pour penser le monde qui soit compatible avec ce que nous avons découvert sur le monde grâce aux *deux* théories ?

Ici, sur le front, au-delà des bords de notre savoir, la science devient encore plus belle. Dans le creuset incandescent des idées qui naissent, des intuitions, des tentatives. Des voies empruntées, puis abandonnées, des enthousiasmes. Dans l'effort d'imaginer ce qui ne l'a pas encore été.

Il y a vingt ans, le brouillard était dense. Aujourd'hui, il existe des pistes qui ont suscité de l'excitation et de l'optimisme. Il en existe plus d'une, signe que le problème n'est pas encore résolu. La multiplicité engendre des dissensions, mais le débat est sain : tant que le brouillard ne se sera pas complètement dissipé, il est bon que s'opposent les opinions et que la critique soit vive. Un axe de recherche majeur centré sur la tentative de résoudre le problème est la gravité quantique « à boucles », développée par une patrouille de chercheurs disséminés dans plusieurs pays du monde, dont la France est un des premiers.

La gravité quantique à boucles cherche à combiner la relativité générale et la mécanique quantique directement, sans rien y ajouter. C'est une tentative prudente, car elle n'utilise pas d'autres hypothèses que ces deux théories mêmes, opportunément réécrites jusqu'à les rendre compatibles. Mais ses conséquences sont radicales : une modification profonde de la structure de la réalité.

L'idée est simple. La relativité générale nous a appris que l'espace n'est pas une boîte inerte, mais quelque chose de dynamique : un champ, une espèce d'immense mollusque mouvant dans lequel nous sommes plongés, qui peut se comprimer et se tordre. La mécanique quantique, d'autre part, nous apprend que chaque champ est fait de quanta : il a une structure fine granulaire. Il s'ensuit que l'espace physique est lui aussi « fait de quanta ».

La prédiction centrale de la théorie des boucles est donc que l'espace physique n'est pas continu, il n'est pas divisible à l'infini, il est formé de grains, d'« atomes d'espace ». Ces grains sont très petits : un milliard de milliards de fois plus petits que le plus petit des noyaux atomiques. Des millions de milliards de fois plus petits que la plus petite distance qu'arrivent à sonder nos instruments les plus puissants, comme le grand accélérateur de particules de Genève.

La théorie décrit ces atomes d'espace de façon mathématique et fixe les équations qui déterminent leur évolution. On les appelle boucles, ou anneaux, parce que chaque atome d'espace n'est pas isolé, mais relié à d'autres, formant un réseau de relations qui tisse la trame de l'espace physique comme des anneaux de fer tissent une cotte de mailles.

Où se trouvent ces quanta d'espace ? Nulle part. Ils ne sont pas *dans* l'espace, puisqu'ils constituent eux-mêmes l'espace. L'espace est créé par l'interaction mutuelle des quanta de gravité individuels. Encore une fois, le monde semble être relation avant d'être un ensemble d'objets.

Mais c'est la deuxième conséquence de la théorie qui est la plus extrême. De même que disparaît l'idée de l'espace continu qui contient les choses, de même disparaît l'idée d'un « temps » continu élémentaire et primitif qui s'écoule indépendamment des choses. Les équations qui décrivent des grains d'espace et de matière ne comportent plus la variable temps.

Cela ne signifie pas que tout est immobile et qu'il n'existe pas de changement. Au contraire, cela signifie que le changement est partout, mais que les processus élémentaires ne peuvent pas être ordonnés dans une succession d'instants commune. À la très petite échelle des quanta d'espace, la danse de la nature ne s'effectue pas au rythme de la baguette d'un seul chef d'orchestre, d'un seul temps : chaque processus danse indépendamment de ses voisins, à son propre rythme. L'écoulement du temps est interne au monde, il naît dans le monde même, à partir des relations entre des événements quantiques qui sont le monde et qui sont eux-mêmes la source du temps.

Le monde que décrit cette théorie s'éloigne encore plus du monde qui nous est familier. Il n'y a plus d'espace « contenant » le monde, et il n'y a plus de temps « au cours duquel » ont lieu les événements. Il n'y a que des processus élémentaires où des quanta d'espace et de matière interagissent continuellement. L'illusion de l'espace et du temps continus autour de nous est la vision floue de ce pullulement dense de processus élémentaires. De même qu'un calme lac alpin aux eaux transparentes est formé par la danse rapide de myriades de minuscules molécules d'eau.

Vue de très près, avec une loupe extrêmement puissante, l'avant-dernière image de la troisième leçon devrait montrer la structure granulaire de l'espace :

Pouvons-nous vérifier cette théorie avec des expériences ? Nous y songeons, et nous nous y employons, mais il n'y a pas encore de vérifications expérimentales.

Des idées pour y arriver existent quand même. Une de ces idées concerne le destin des trous noirs. Nous voyons dans le ciel des milliers de trous noirs, formés par les étoiles effondrées sur elles-mêmes. La matière de ces étoiles s'est précipitée à l'intérieur, en s'écroulant sous son propre poids, et a disparu de notre vue. Où est-elle allée ?

Si la théorie de la gravité quantique à boucles est correcte, la matière ne peut pas s'être véritablement effondrée en un point infinitésimal. Il n'existe pas de points infinitésimaux : il n'existe que des régions finies d'espace. En s'écroulant sous son propre poids, la matière a dû devenir de plus en plus dense, jusqu'à ce que la mécanique quantique ait pu engendrer une pression contraire, capable de contrebalancer le poids.

Cet hypothétique état final de la vie d'une étoile, où la pression engendrée par les fluctuations quantiques de l'espace-temps équilibre le poids de la matière, est ce qu'on appelle une « étoile de Planck ».

Si le Soleil, lorsqu'il cessera de brûler, devait former un trou noir, il aurait un diamètre d'environ un kilomètre et demi. À l'intérieur, la matière du Soleil continuerait à s'effondrer, jusqu'à former une étoile de Planck. Sa dimension serait alors équivalente à celle d'un atome. Toute la matière du Soleil serait concentrée dans l'espace d'un atome. Mais une étoile de Planck n'est pas stable : une fois comprimée au maximum, elle rebondit. Cela conduit à l'explosion du trou noir. Le processus, vu par un observateur hypothétique assis à l'intérieur du trou noir sur l'étoile de Planck, est très rapide : la durée d'un simple rebond. Mais le temps ne passe pas à la même vitesse pour lui et pour quelqu'un à l'extérieur du trou noir, pour la même raison qu'en montagne le temps s'écoule plus rapidement qu'au bord de la mer. Sauf qu'ici la différence de passage du temps est énorme, à cause des conditions extrêmes : ce qui pour l'observateur sur l'étoile est un rebond rapide apparaît comme un processus très lent vu du dehors. C'est pourquoi nous voyons les trous noirs rester semblables à eux-mêmes pendant des temps très longs : un trou noir est une étoile qui rebondit sur elle-même, de façon extrêmement ralentie.

Or il est possible que dans le creuset des premiers instants de l'Univers se soient formés des trous noirs de tailles différentes, et que certains d'entre eux soient actuellement en train d'exploser. Si c'est bien le cas, nous pourrions observer les signaux qu'ils émettent en explosant, par exemple dans les rayons cosmiques de haute énergie qui arrivent du ciel, et donc observer et mesurer un effet direct d'un phénomène de gravité quantique. Il est même possible que certains signaux, appelés *Fast Radio Bursts* (sursauts radio rapides) ou FRB, déjà observés dans des radiotélescopes, puissent être ces signaux espérés.

L'idée est audacieuse, et pourrait bien ne pas marcher. Dans l'Univers primordial, il pourrait ne pas s'être formé suffisamment de trous noirs, et les sursauts radio observés pourraient avoir d'autres origines. Mais la possibilité est ouverte. Nous verrons bien.

Une autre des conséquences de la théorie, et une des plus spectaculaires, concerne le début de l'Univers. Nous savons reconstituer l'histoire de notre monde jusqu'à une période initiale où il était très petit. Mais auparavant ? Les équations des boucles nous permettent de reconstituer l'histoire de l'Univers encore plus en amont.

Ce que nous trouvons, c'est que, lorsque l'univers est extrêmement comprimé, la théorie quantique engendre une force répulsive, avec pour résultat que le Big Bang, la « grande explosion » initiale, pourrait avoir été en réalité un *Big Bounce*, un « grand rebond » : notre monde pourrait être né d'un univers précédent qui était en train de se contracter sous son propre poids, jusqu'à s'effondrer dans un espace très petit, avant de « rebondir » et de recommencer à se dilater, pour devenir l'univers en expansion que nous observons autour de nous. Le moment du rebond, lorsque l'univers a la taille d'une coquille de noix, est le royaume de la gravité quantique : espace et temps ont disparu, et le monde s'est dissous en un nuage probabiliste que les équations parviennent toutefois à décrire. Et la dernière image de la troisième leçon se transforme en :

Notre Univers a pu naître du rebond d'une phase précédente, en passant par une phase intermédiaire sans espace et sans temps.

La physique ouvre la fenêtre pour regarder au loin. Ce que nous voyons nous stupéfie. Nous nous rendons compte que nous sommes pleins de préjugés et que notre image intuitive du monde est partielle, locale, inadéquate. Le monde continue à changer sous nos yeux, à mesure que nous le voyons de mieux en mieux : la Terre n'est pas plate, elle n'est pas immobile...

Si nous essayons de rassembler ce que nous avons appris sur le monde physique au cours du xxe siècle, les indices convergent vers quelque chose de profondément différent de nos idées instinctives sur la matière, l'espace et le temps. La gravité quantique à boucles est une tentative pour déchiffrer les indices, pour regarder un peu plus loin.

La probabilité, le temps et la chaleur des trous noirs

À côté des grandes théories qui décrivent les constituants élémentaires du monde, dont j'ai parlé jusqu'ici, il est un autre grand domaine de la physique, un peu différent des autres. La question qui a surgi de façon inattendue est : qu'est-ce que la chaleur ?

Jusqu'au milieu du XIXe siècle, les physiciens s'efforçaient de comprendre la chaleur en pensant qu'il s'agissait d'une espèce de fluide, le « calorique », ou bien deux fluides, un chaud et un froid. Mais l'idée s'est révélée erronée. Maxwell et Boltzmann l'ont compris. Ce qu'ils ont compris est très beau, étrange et profond, et nous conduit vers des domaines encore inexplorés.

Ce qu'ils ont découvert, c'est qu'une substance chaude n'est pas une substance qui contient un fluide chaud. Une substance chaude est une substance dans laquelle les atomes bougent plus vite. Les atomes et les molécules, petits groupes d'atomes liés, bougent sans arrêt. Ils courent, vibrent, rebondissent les uns sur les autres. L'air froid est un air où les atomes, ou plutôt les molécules, courent plus lentement. L'air chaud est un air où les molécules courent plus vite. C'est simple et beau.

Mais ce n'est pas tout. La chaleur, nous le savons, va toujours des objets chauds vers les objets froids. Une petite cuillère froide plongée dans une tasse de thé chaud devient chaude à son tour. Lors d'une journée glaciale, si nous ne nous couvrons pas bien, nous perdons rapidement de la chaleur et nous nous refroidissons. Pourquoi la chaleur va-t-elle des objets chauds aux objets froids, et pas inversement ?

C'est là une question cruciale, car elle concerne la nature même du temps. Dans tous les cas où il n'y a pas échange de chaleur, ou bien lorsque la chaleur échangée est négligeable, le futur se comporte exactement comme le passé. Par exemple, pour le mouvement des planètes dans le Système solaire, les planètes pourraient bouger en sens inverse sans qu'aucune loi physique ne soit violée. De même, tant qu'il n'y a pas de frottement, un pendule continue à osciller à l'infini. Si nous le filmons et que nous projetons le film à l'envers, nous voyons un mouvement vrai-semblable. En revanche, dès qu'il y a de la chaleur, le futur est différent du passé. S'il y a frottement, le pendule échauffe ses supports, perd de l'énergie et ralentit. Le frottement produit de la chaleur. Aussitôt, nous sommes en mesure de distinguer le futur du passé : on n'a jamais vu un pendule à l'arrêt se mettre à osciller tout seul.

La différence entre passé et futur n'existe que lorsqu'il y a de la chaleur.

Le phénomène fondamental qui distingue le futur du passé est donc le fait que la chaleur va des objets les plus chauds vers les plus froids. Mais pourquoi la chaleur va-t-elle des objets chauds vers les objets froids, et non l'inverse ?

L'explication a été donnée par le physicien autrichien Ludwig Boltzmann, et elle est étonnamment simple : c'est le hasard.

L'idée de Boltzmann est subtile, et met en jeu la notion de probabilité. La chaleur ne va pas des objets chauds vers les objets froids en obéissant à une loi absolue : elle y va seulement avec une grande probabilité. La raison en est qu'il est statisti-quement plus probable qu'un atome de la substance chaude, qui se déplace plus vite, heurte un atome froid et lui transmette une partie de son énergie, que l'inverse. L'énergie tend à se distribuer en parties plus ou moins égales quand il y a un grand nombre de chocs. De cette façon, les températures d'objets en contact tendent à s'uniformiser. Il n'est pas impossible qu'un corps chaud s'échauffe davantage en entrant en contact avec un corps froid : c'est seulement terriblement improbable.

Cette façon de porter la *probabilité* au cœur des considérations physiques et de l'utiliser pour expliquer la dynamique de la chaleur fut jugée absurde au début. Boltzmann ne fut pris au sérieux par personne, comme cela arrive souvent en science. Il finit par se suicider le 5 septembre 1906 à Duino, près de Trieste, sans avoir assisté à la reconnaissance de la justesse de ses idées.

Comment la probabilité entre-t-elle au cœur de la physique ? Dans la deuxième leçon, je vous ai dit que la mécanique quantique prévoit que le mouvement des petits objets se produit *au hasard*. Cela met en jeu la probabilité. Mais la probabilité à laquelle Boltzmann se réfère, la probabilité liée à la chaleur, a une origine différente et ne dépend pas de la mécanique quantique. La probabilité en jeu dans la science de la chaleur est liée à notre *ignorance*. Je peux ne pas savoir une chose de manière complète, mais je peux lui assigner une grande probabilité, ou une plus petite. Par exemple, je ne sais pas s'il pleuvra demain ou s'il fera beau ou s'il neigera ici à Marseille, mais la probabilité qu'il neige à Marseille est faible. Pour la plupart des objets physiques également, nous savons quelque chose de leur état, mais pas tout, et nous ne pouvons faire que des prévisions probabilistes. Pensez à un ballon de baudruche plein d'air. Je peux en mesurer le volume, la pression, la température, mais je ne connaîtrai jamais la position exacte de ses molécules d'air. Cela m'empêche de prévoir comment se comportera le ballon si, par exemple, je défais le nœud et je le lâche. Il se dégonflera bruyamment en voletant ici et là de manière imprévisible. Imprévisible pour moi, qui ne connais que la forme, le volume, la pression et la température du ballon. Le fait que le ballon aille se heurter ici ou là dépend de la position précise — que je ne connais pas — de ses molécules.

Je peux cependant prévoir la *probabilité* qu'il se passe ceci ou cela. Certains comportements sont plus probables, d'autres plus improbables : si le ballon sort par la fenêtre, la probabilité qu'il revienne est beaucoup plus faible que la probabilité qu'il ne revienne pas. Il sera très improbable, par exemple, que le ballon s'envole par la fenêtre, tourne autour du phare là-bas et revienne se poser sur ma main. De même, la probabilité que, dans les chocs des molécules, la chaleur passe du corps le plus chaud au corps le plus froid est bien plus grande que la probabilité que la chaleur passe du corps le plus froid vers le plus chaud.

La partie de la physique qui explique ces choses est la physique statistique, et le triomphe de cette physique a été de comprendre l'origine probabiliste de la thermodynamique, c'est-à-dire du comportement de la chaleur et de la température, à partir des idées de Boltzmann.

Un bref commentaire un peu plus difficile. L'origine de la probabilité considérée par Boltzmann est notre *ignorance*. Or, à première vue, l'idée que notre ignorance puisse impliquer quelque chose concernant le comportement du monde semble déraisonnable : la cuillère froide se réchauffe dans le thé chaud, et le ballon file n'importe où quand on le lâche, indépendamment de ce que je sais. Quel rapport y a-t-il entre ce que nous savons ou ne savons pas et les lois qui gouvernent le monde ? La réponse est subtile.

La cuillère et le ballon se comportent comme ils le doivent, en suivant les lois de la physique, tout à fait indépendamment de ce que nous savons ou ne savons pas. La prévisibilité ou l'imprévisibilité de leur comportement ne concerne pas leur état exact. Elle concerne celles de leurs propriétés avec lesquelles nous interagissons. *Cette* classe de propriétés dépend de *notre* façon spécifique d'interagir avec la cuillère et avec le ballon. Donc, la probabilité ne concerne pas l'évolution des corps en soi. Elle concerne l'évolution des valeurs de sous-classes de propriétés des corps lorsque ceux-ci interagissent avec d'autres corps. Encore une fois se révèle ici la nature relationnelle des concepts que nous utilisons pour mettre le monde en ordre. La cuillère froide se réchauffe dans le thé chaud parce que le thé et la cuillère n'interagissent avec nous qu'à travers un petit nombre de variables (par exemple, la température), parmi les innombrables qui caractérisent leur micro-état. La valeur de *ces* variables n'est pas suffisante pour prévoir le comportement futur exact (comme pour le ballon), mais elle l'est pour estimer qu'avec une excellente probabilité la cuillère va se réchauffer. J'espère ne pas avoir perdu l'attention du lecteur dans ce passage subtil.

Au cours du XIXe siècle, la thermodynamique (la science de la chaleur) et la mécanique statistique (la science de la probabilité des différents mouvements) ont été étendues aux champs électromagnétiques et aux phénomènes quantiques. L'extension au champ gravitationnel, cependant, s'est révélée difficile. Comment se comporte le champ gravitationnel lorsque la chaleur s'y diffuse ? C'est un problème encore irrésolu. Nous savons ce qui arrive à un champ électromagnétique chaud : un four, par exemple, contient un rayonnement électromagnétique chaud que nous savons décrire. Ses ondes vibrent au hasard en distribuant l'énergie. Nous pouvons imaginer le rayonnement comme un gaz fait de photons, chauds comme les molécules dans le ballon. Mais qu'est-ce qu'un champ *gravitationnel* chaud ? Le champ gravitationnel, comme nous l'avons vu dans la première leçon, est l'espace lui-même et, même, l'espace-temps ; par conséquent, lorsque la chaleur se diffuse dans le champ gravitationnel, l'espace et le temps eux-mêmes doivent vibrer... Cela, nous ne savons pas le décrire : nous ne disposons pas encore des équations qui décrivent les vibrations thermiques d'un *espace-temps chaud.*

Cette question ouverte nous conduit au cœur du problème du *temps* : la direction du temps apparaît seulement quand il y a de la chaleur... La chaleur est la vibration statistique de n'importe quoi... y compris de l'espace-temps même... Il n'y a pas de temps dans la gravité quantique à boucles... Qu'est-ce que donc enfin que le *temps*, et son « écoulement » ?

Le problème apparaît déjà dans la physique classique et a été souligné par les philosophes des XIXe et XXe siècles, mais il devient aigu dans la physique moderne : la physique décrit le monde au moyen de formules qui disent comment les choses varient en fonction de la variable « temps ». Mais nous pouvons aussi bien écrire des formules qui décrivent les variations des choses en fonction de la variable « position », ou bien les variations du goût d'un risotto en fonction de la variable « quantité de beurre ». Le temps paraît « s'écouler », tandis que la quantité de beurre ou la position dans l'espace ne s'écoulent pas. D'où vient la différence ?

Une autre manière de poser le même problème consiste à se demander ce qu'est le « présent ». En physique, il n'y a rien qui corresponde à l'idée de « maintenant ». Comparez « maintenant » avec « ici ». « Ici » désigne le lieu où se tient celui qui parle : pour deux personnes différentes, « ici » indique deux lieux différents. Voilà pourquoi « ici » est un mot dont le sens dépend de l'endroit d'où il est prononcé. « Maintenant » désigne le temps où se tient celui qui parle : pour deux situations différentes, « maintenant » indique deux temps différents. La similarité entre « ici » et « maintenant » est grande. Mais nous disons que les choses qui existent sont celles qui existent maintenant : le passé n'existe plus et le futur n'existe pas encore. Tandis que personne ne songerait à dire que les choses ici existent, tandis que celles qui ne sont pas ici n'existent pas. Ici à Marseille il n'y a pas de tour Eiffel ; mais je n'en déduis pas que la tour Eiffel n'existe pas. Pourquoi donc disons-nous que les choses qui sont « maintenant » existent, et pas les autres ? Le présent est-il quelque chose d'objectif, une chose qui « s'écoule » et qui fait « exister » les choses les unes après les autres, ou bien est-il seulement subjectif, comme « ici » ?

La question peut sembler pédante, mais la physique moderne l'a rendue brûlante, car la relativité a montré que la notion de « présent » est subjective elle aussi. Physiciens et philosophes sont arrivés à la conclusion que l'idée d'un *présent commun à tout l'Univers* est une illusion, et que l'écoulement universel du temps est une généralisation abusive. Lorsque meurt son grand ami Michele Besso, Albert Einstein écrit à sa famille une lettre émouvante : « Michele a quitté ce monde bizarre, un peu avant moi. Cela ne signifie rien. Les gens comme nous, qui croient en la physique, savent que la distinction entre passé, présent et futur n'est pas autre chose qu'une illusion persistante. » Mais qu'il s'agisse d'illusion ou pas, qu'est-ce qui explique le fait que, pour nous, le temps « s'écoule » ou « passe » ? L'écoulement du temps est évident pour chacun : nos pensées et notre parole existent dans le temps, la structure même de notre langage implique le temps (une chose « était », « est » ou « sera »). Nous pouvons imaginer un monde sans couleurs, sans matière, voire sans espace, mais il est difficile d'imaginer un monde sans temps. Le philosophe allemand Martin Heidegger a mis l'accent sur le fait que nous « habitons le temps ». Se peut-il que l'écoulement du temps, que Heidegger pose comme premier, soit absent de la description fondamentale du monde ?

Certains philosophes, parmi lesquels les heideggeriens les plus dévots, en concluent que la physique est incapable de décrire les aspects les plus fondamentaux du réel, et la disqualifient en tant que mode de connaissance trompeur. Mais trop souvent par le passé nous nous sommes rendu compte que ce sont nos intuitions immédiates qui sont imprécises : si nous en étions restés à elles, nous penserions encore que la Terre est plate et que le Soleil tourne autour d'elle. Les intuitions viennent de notre expérience limitée. Lorsque nous regardons un peu plus loin, nous découvrons que le monde n'est pas tel qu'il nous apparaît : la Terre est ronde et les Australiens ont les pieds en haut et la tête en bas par rapport à nous, même si cela nous semble à première vue contre-intuitif. Se fier aux intuitions immédiates, plus qu'aux résultats d'un examen collectif, rationnel, attentif et intelligent, n'est pas sagesse : c'est la présomption du petit vieux qui se refuse à croire que le vaste monde au-delà du village où il vit puisse être différent de celui qu'il a, lui, toujours connu.

Mais alors, d'où vient la tenace expérience de l'écoulement du temps ?

Une piste de réponse vient justement du lien étroit entre le *temps* et la *chaleur*, le fait que c'est seulement quand il y a un flux de chaleur que le passé et le futur se différencient, à cause du fait que la chaleur est liée aux probabilités en physique, et celles-ci, à leur tour, à ce que nos interactions avec le reste du monde ne distinguent pas les détails fins de la réalité.

L'écoulement du temps vient bien de la physique, mais non dans le cadre de la description exacte de l'état des choses. Il apparaît plutôt dans le cadre de la statistique et de la thermodynamique. Cette dernière pourrait être la clé du mystère du temps. Le « présent » n'existe pas plus de manière objective qu'il n'existe un « ici » objectif. Les interactions microscopiques du monde font émerger des phénomènes temporels pour un système (par exemple nous-mêmes) qui n'interagit qu'avec des myriades de variables. Notre mémoire et notre conscience s'élaborent sur ces phénomènes statistiques. Pour une hypothétique vue très fine qui verrait tout, il n'y aurait pas de temps « qui s'écoule » et l'Univers serait un bloc de passé, de présent et de futur. Mais cette vue très fine qui verrait tout est elle-même interdite, comme nous l'a appris la mécanique quantique, parce que ce n'est que dans les interactions que les choses se manifestent. Nous, êtres conscients, habitons le temps parce que nous voyons seulement une image affadie du monde. Je reprends ici les termes de mon éditeur italien : « Le *non-manifeste* est bien plus vaste que le *manifeste.* » C'est de ce floutage du monde que provient notre perception de l'écoulement du temps.

Est-ce clair ? Non. Il reste beaucoup à comprendre.

Un indice pour affronter le problème vient d'un calcul qu'a complété le physicien anglais Stephen Hawking, célèbre pour être parvenu à poursuivre ses travaux de physique en dépit des graves problèmes médicaux qui le clouent à un fauteuil roulant et l'empêchent de parler.

Hawking, en recourant à la mécanique quantique, a réussi à montrer que les trous noirs sont toujours « chauds ». Ils émettent de la chaleur comme le ferait un radiateur. C'est le premier indice concret de ce qu'est un « espace chaud ». Personne n'a jamais observé cette chaleur, car elle est très faible pour les trous noirs réels que nous voyons dans le ciel, mais le calcul de Hawking est convaincant. Il a été repris de multiples façons différentes et l'existence de la chaleur des trous noirs est aujourd'hui considérée comme réelle par beaucoup de gens.

Or cette chaleur des trous noirs est un effet quantique sur un objet, le trou noir, qui est de nature gravitationnelle. Ce sont les quanta individuels d'espace, les grains élémentaires d'espace, les « atomes d'espace » qui, en vibrant, chauffent la surface d'un trou noir. Ce phénomène implique à la fois la mécanique statistique, la relativité générale et la science de la chaleur. Si nous commençons à comprendre quelque chose à propos de la gravité quantique, qui combine deux des trois pièces du puzzle, nous n'avons pas encore le moindre brouillon de théorie capable de relier les trois pièces de notre savoir fondamental sur le monde – Quanta, Gravité et Thermodynamique – et nous ne comprenons pas bien encore pourquoi ce phénomène se produit.

La chaleur des trous noirs est une pierre de Rosette, écrite en trois langues, Quanta, Gravité et Thermodynamique, et en attente d'être déchiffrée, pour nous dire ce qu'est vraiment l'écoulement du temps.

Nous

Après être allé loin, de la structure profonde de l'espace au bord du cosmos que nous connaissons, j'aimerais revenir, avant de conclure cette petite série, à nous-mêmes. Quelle place avons-nous, nous les êtres humains qui perçoivent, décident, rient et pleurent, dans cette vaste fresque du monde qu'offre la physique d'aujourd'hui ? Si le monde est un pullulement de quanta éphémères d'espace et de matière, un immense jeu d'emboîtements d'espace et de particules élémentaires, nous-mêmes, que sommes-nous ? Sommes-nous faits, nous aussi, seulement de quanta et de particules ? Et alors d'où vient ce sentiment d'exister, singulièrement et à la première personne, qu'éprouve chacun de nous ? Que sont nos valeurs, nos rêves, nos émotions, notre savoir même ? Que sommes-nous, dans ce monde vaste et kaléidoscopique ? Je ne peux bien sûr dans ces quelques pages répondre à une telle question. Elle est des plus difficiles. Dans le grand cadre de la science moderne, nombreuses restent les choses que nous ne comprenons pas, et une de celles que nous comprenons le moins, c'est nous-mêmes. Mais éluder cette question, faire comme si de rien n'était, ce serait, je pense, négliger quelque chose d'essentiel. Je me suis proposé de raconter comment le monde apparaît à la lumière de la science, or, ce monde, nous sommes dedans.

« Nous », êtres humains, sommes avant tout le sujet qui observe ce monde, les auteurs, collectivement, de cette photographie de la réalité que j'ai essayé de composer. Nous sommes les nœuds d'un réseau d'échanges, dont ce livre est un des éléments, un réseau dans lequel nous nous passons des images, des outils, des informations, de la connaissance.

Mais, du monde que nous voyons, nous sommes aussi partie intégrante, nous ne sommes pas des observateurs extérieurs. Nous sommes situés en lui. Notre perspective sur lui s'offre de l'intérieur. Nous sommes faits des mêmes atomes et des mêmes signaux de lumière que ceux que s'échangent les pins sur les montagnes et les étoiles dans les galaxies.

À mesure que notre connaissance s'est accrue, nous avons appris de plus en plus solidement que nous faisions partie – une petite partie – de l'Univers. Nous avons commencé à le comprendre dans les siècles passés, mais plus encore au siècle dernier. Nous pensions être au centre du cosmos, mais ce n'est pas le cas. Nous pensions être une espèce à part, parmi les animaux et les plantes, mais nous avons découvert que nous descendons des mêmes ancêtres que tous les autres êtres vivants autour de nous. Nous avons des arrière-grands-parents en commun avec les papillons et les edelweiss. Nous sommes comme un fils unique qui grandit et apprend que le monde ne tourne pas autour de lui comme il le croyait quand il était petit. Il doit accepter d'être un parmi les autres. En nous regardant dans les autres et dans les autres choses, nous apprenons qui nous sommes.

À l'époque du grand idéalisme allemand, Schelling pouvait penser que l'homme représentait le sommet de la nature, le point suprême où la réalité prend conscience d'elle-même. Aujourd'hui, avec ce que nous savons sur le monde naturel, une telle idée nous fait sourire. Si nous sommes spéciaux, nous le sommes

comme est spécial chacun pour lui-même, chaque
maman pour son enfant. Certainement pas pour
le reste de la nature. Dans cet immense océan de
galaxies et d'étoiles, nous sommes un minuscule coin
perdu ; parmi les arabesques infinies de formes qui
composent le réel, nous ne sommes qu'un gribouillis
parmi tant d'autres.

Les images que nous nous construisons de
l'Univers vivent en nous, dans l'espace de nos pensées. Entre ces images – parmi celles que nous parve-
nons à reconstruire et à comprendre avec nos moyens
limités – et la réalité dont nous faisons partie, existent
d'innombrables filtres : notre ignorance, le caractère limité de nos sens et de notre intelligence, les
conditions mêmes que notre nature de sujets, et de
sujets particuliers, met à l'expérience. Ces conditions,
toutefois, ne sont pas universelles, comme l'imagi-
nait Kant, en en déduisant alors, évidemment à tort,
que la nature euclidienne de l'espace et même la
mécanique newtonienne devaient être vraies *a priori*.
Elles sont *a posteriori* de l'évolution mentale de notre
espèce, et en évolution continuelle. Non seulement
nous apprenons, mais nous apprenons aussi à changer progressivement notre structure conceptuelle et
à l'adapter à ce que nous apprenons. Et ce que nous

apprenons à connaître, même si c'est lentement et à tâtons, est le monde réel dont nous sommes une partie. Les images que nous nous construisons de l'Univers vivent en nous, dans l'espace de nos pensées, mais elles décrivent plus ou moins bien le monde réel dont nous sommes une partie. Nous suivons des traces pour mieux décrire ce monde.

Lorsque nous parlons du Big Bang ou de la structure de l'espace, ce que nous faisons n'est pas la continuation des récits libres et fantastiques que les hommes se sont racontés autour du feu lors de veillées depuis des centaines de milliers d'années. C'est la continuation d'autre chose : du regard de ces mêmes hommes, aux premières lueurs de l'aube, qui cherchent dans la poussière de la savane les traces d'une antilope – scruter les détails de la réalité pour en déduire ce que nous ne voyons pas directement, mais dont nous pouvons suivre les traces. Avec la conscience que nous pouvons toujours nous tromper, et donc prêts à tout instant à changer d'idée si apparaît une nouvelle trace, mais en sachant aussi que si nous sommes bons, nous comprendrons bien et nous trouverons. Voilà ce qu'est la science.

La confusion entre ces deux différentes activités humaines – inventer des récits et suivre des traces pour trouver quelque chose – est à l'origine de l'incompréhension et de la défiance envers la science d'une partie de la culture contemporaine. La séparation est mince : l'antilope chassée à l'aube n'est pas loin du dieu antilope des récits de la veillée. La frontière est fragile. Les mythes se nourrissent de science et la science se nourrit de mythes. Mais la valeur cognitive du savoir demeure : si nous trouvons l'antilope, nous pouvons manger.

Notre savoir réfléchit ainsi le monde. Il le fait plus ou moins bien, mais il reflète le monde que nous habitons.

Cette communication entre nous et le monde n'est pas quelque chose qui nous distingue du reste de la nature. Les choses interagissent continuellement les unes avec les autres et, ce faisant, l'état de chacune d'elles porte la trace de l'état des autres : en ce sens, elles échangent sans arrêt de l'information les unes sur les autres.

L'information qu'un système physique a sur un autre système n'a rien de mental ou de subjectif, c'est seulement le lien que la physique détermine entre l'état d'une chose et l'état d'une autre chose. Une goutte de pluie contient de l'information sur la présence d'un nuage dans le ciel, un rayon de lumière sur la couleur de la substance dont il provient, une montre sur l'heure du jour, le vent sur un orage proche, le virus du rhume sur la vulnérabilité de mon nez, l'ADN de nos cellules sur notre code génétique, qui nous fait ressembler à notre père, et notre cerveau fourmille d'informations accumulées durant nos expériences. La substance première de nos pensées est la très riche information recueillie, échangée, accumulée et continuellement élaborée.

Mais le thermostat de ma chaudière, lui aussi, « sent » et « connaît » la température de ma maison, il a donc de l'information sur elle, et il éteint le chauffage lorsqu'il fait suffisamment chaud. Quelle est la différence entre le thermostat et moi qui « sens » et qui « sais » qu'il fait chaud, et qui décide librement d'allumer ou non le chauffage, et qui sais que j'existe ? Comment l'échange continuel d'information dans la nature peut-il nous produire, nous-mêmes et nos pensées ?

Le problème est ouvert, et les solutions possibles sont nombreuses et belles. C'est là, selon moi, l'une des frontières les plus intéressantes de la science, où les progrès s'annoncent majeurs. De nouveaux instruments nous permettent aujourd'hui d'observer le cerveau en action et de dresser la carte des réseaux très complexes du cerveau avec une précision étonnante. L'annonce de la première cartographie complète de la structure cérébrale fine (« mésoscopique ») d'un mammifère date de 2014. Des idées précises sur la forme mathématique des structures qui peuvent correspondre à la sensation subjective de la conscience sont discutées non seulement par les philosophes, mais aussi par les neuroscientifiques.

Un exemple est la théorie développée par un scientifique italien qui travaille aux États-Unis, Giulio Tononi. Elle s'appelle « théorie de l'information intégrée » et représente une tentative de caractériser de manière quantitative la structure que doit avoir un système pour être conscient : caractériser, par exemple, ce qui change dans le monde physique entre le moment où nous sommes éveillés et conscients, et celui où nous dormons sans rêver. Le cerveau n'est pas moins actif quand nous sommes endormis ; la quantité d'activité est la même : c'est l'*intégration* des différentes parties du cerveau qui diminue dans le sommeil. Ce n'est certes qu'une tentative. Nous ne disposons pas encore d'une solution acceptée par tous pour ce qui concerne la manière dont se forme la conscience en nous, mais j'ai l'impression que la brume commence à se dissiper.

Il est une question, en particulier, qui nous laisse souvent perplexes : que signifie le fait que nous soyons *libres* de prendre des décisions, si notre comportement ne fait que suivre les lois de la nature ? N'y a-t-il pas contradiction entre notre sentiment de liberté et la rigueur avec laquelle nous savons désormais que se passent les choses dans le monde ? N'y a-t-il rien en nous qui échappe aux régularités de la nature et qui nous permette de les contourner ou de les détourner grâce à notre libre pensée ?

Non, il n'y a rien en nous qui échappe aux régularités de la nature. Si quelque chose en nous violait ces régularités, nous l'aurions découvert depuis longtemps. Il n'y a rien en nous qui enfreigne le comportement naturel des choses. Toute la science moderne, de la physique à la chimie, de la biologie aux neurosciences, n'a fait que renforcer cette observation.

La solution du paradoxe est ailleurs : lorsque nous disons que nous sommes libres – et il est vrai que nous pouvons l'être – cela signifie que nos comportements sont déterminés par ce qui se passe en nous-mêmes, dans notre cerveau, et qu'ils ne sont pas contraints de l'extérieur. Être libre ne signifie pas que nos comportements ne sont pas déterminés par les lois de la nature. Être libre signifie qu'ils sont déterminés par les lois de la nature qui agissent sur notre cerveau. Nos décisions libres sont librement déterminées par les résultats des innombrables et fugaces interactions entre les milliards de neurones de notre cerveau : elles sont libres lorsque c'est l'interaction de ces neurones qui les détermine.

Cela signifie-t-il que, lorsque je décide, c'est « moi » qui décide ? Assurément, oui, car il serait absurde de se demander si « je » peux faire quelque chose de différent de ce que décide de faire le complexe de mes neurones : les deux, comme l'avait compris avec une étonnante lucidité le philosophe hollandais Baruch Spinoza au XVIIᵉ siècle, sont une seule et même chose. Il n'y a pas « moi » et « les neurones de mon cerveau ». Il s'agit de la même chose. Un individu est un processus, complexe, strictement intégré, mais quand même un processus.

Lorsque nous disons que le comportement humain est imprévisible, nous disons la vérité, car il est trop complexe pour être prévu, surtout par nous-mêmes. Notre sentiment intense de liberté intérieure, comme Spinoza l'avait vu avec acuité, vient du fait que l'idée et les images que nous avons de nous-mêmes sont beaucoup plus grossières et ternes que la complexité de ce qui se produit en nous. Nous sommes source de stupeur pour nous-mêmes. Nous avons cent milliards de neurones dans notre cerveau, autant qu'il y a d'étoiles dans une galaxie, et un nombre encore plus astronomique de liens et de combinaisons par lesquels ces neurones peuvent interagir. Nous ne sommes pas conscients de tout cela. « Nous » sommes le processus formé par cette complexité, non ce peu dont nous sommes conscients.

Ce « moi » qui décide est le même moi qui se forme – d'une manière qui n'est pas encore complètement claire, mais que nous commençons à entrevoir – par son reflet sur lui-même, par son autoreprésentation dans le monde, par le fait de se reconnaître comme point de vue variable situé dans le monde, de cette structure impressionnante qui régit l'information et qui construit des représentations qu'est notre cerveau.

Quand nous avons le sentiment que « c'est moi » qui décide, il n'y a rien de plus exact : qui d'autre ? Moi, comme le voulait Spinoza, je suis mon corps. Je suis tout ce qui advient dans mon cerveau et dans mon cœur, avec leur immense et, pour moi-même, inextricable complexité.

L'image scientifique du monde que j'ai racontée dans ces pages n'est donc pas en contradiction avec le sentiment que nous avons de nous-mêmes. Elle n'est pas en contradiction avec le fait que nous pensons en termes moraux, psychologiques, avec nos émotions et notre sensibilité. Le monde est complexe, nous l'appréhendons au moyen de divers langages, appropriés aux différents processus qui le composent. Chaque processus complexe peut être affronté et compris avec des langages différents, à différents niveaux. Ces langages se recoupent, se mêlent et s'enrichissent les uns les autres, comme les processus mêmes. L'étude de notre psychologie se raffine en prenant en compte la biochimie de notre cerveau. L'étude de la physique théorique se nourrit de la passion et des émotions qui animent notre vie.

Nos valeurs morales, nos émotions, nos amours, ne sont pas moins vraies par le fait d'être une partie de la nature, d'être partagées avec le monde animal ou d'avoir grandi et été déterminées par les millions d'années d'évolution de notre espèce. Elles en sont même plus vraies, précisément pour cela : elles sont réelles. Elles forment la réalité complexe dont nous sommes faits. Notre réalité, ce sont les pleurs et les rires, la gratitude et l'altruisme, la fidélité et les trahisons, le passé qui nous hante et la sérénité. Notre réalité est constituée par nos sociétés, par l'émotion de la musique, par les riches réseaux tissés de notre savoir commun, que nous avons construits ensemble. Tout cela fait partie de cette même nature que nous décrivons. Nous sommes partie intégrante de la nature, nous sommes nature, en une de ses expressions innombrables et variées. Voilà ce que nous enseigne notre connaissance croissante des choses du monde. Ce qui est spécifiquement humain ne représente pas notre séparation d'avec la nature, c'est notre nature. C'est une forme que la nature a prise ici sur notre planète, dans le jeu infini de ses combinaisons, des influences et des échanges de corrélations et d'information entre ses parties. Qui sait combien et quelles autres complexités extraordinaires, dans des formes sans doute complètement impossibles à imaginer pour nous, existent dans les espaces infinis du cosmos... Il y a tellement d'espace là-haut qu'il est puéril de penser que dans ce coin de banlieue d'une galaxie des plus banales il y ait quelque chose de spécial. La vie sur la Terre n'est qu'un essai de ce qui peut se produire dans l'Univers. Notre âme n'est qu'un autre de ces essais.

Nous sommes une espèce curieuse, la seule qui ait subsisté d'un groupe (le genre *Homo*) formé d'au moins une douzaine d'espèces curieuses. Les autres espèces du groupe se sont déjà éteintes ; certaines, comme les Néandertaliens, très récemment – il n'y a même pas trente mille ans. C'est un groupe d'espèces qui ont évolué en Afrique, proches des chimpanzés hiérarchisés et querelleurs, mais plus encore des bonobos, les petits chimpanzés pacifiques qui vivent allégrement dans l'égalitarisme et l'amour libre. Un groupe d'espèces sorties à plusieurs reprises d'Afrique pour explorer des mondes nouveaux et qui est allé loin, jusqu'en Patagonie, jusque sur la Lune. Nous ne sommes pas des curieux contre nature : nous sommes curieux par nature.

Il y a cent mille ans, notre espèce a quitté l'Afrique, mue sans doute par cette curiosité, en apprenant à regarder de plus en plus loin. En survolant l'Afrique de nuit, je me suis demandé si l'un de nos lointains ancêtres, se redressant et se mettant en route vers les grands espaces du Nord, en regardant le ciel, aurait pu imaginer qu'un lointain descendant, encore mû par cette même curiosité, traverserait ce ciel et s'interrogerait sur la nature des choses.

Je pense que notre espèce ne durera pas longtemps. Elle ne semble pas avoir l'étoffe des tortues, qui ont continué à exister semblables à elles-mêmes pendant des centaines de millions d'années, des centaines de fois plus que nous. Nous appartenons à un

genre d'espèces à la vie courte. Nos cousins se sont
déjà tous éteints. Et nous causons des dommages. Les
changements climatiques et environnementaux que
nous avons déclenchés ont été brutaux et ne nous
épargneront guère. Pour la Terre, ce sera un petit *bip*
insignifiant, mais je ne pense pas que nous en sorti-
rons indemnes − d'autant que l'opinion publique et
les politiques préfèrent ignorer les dangers que nous
courons actuellement, et mettre la tête dans le sable.
Nous sommes sans doute la seule espèce sur Terre
consciente du caractère inéluctable de notre mort
individuelle : je crains que, bientôt, nous devenions
également l'espèce qui verra consciemment arriver
sa propre fin, ou du moins la fin de sa civilisation.

Comme nous savons affronter, plus ou moins
bien, notre mort individuelle, nous affronterons de
même l'effondrement de notre civilisation. Ce n'est
pas très différent. Et ce ne sera certainement pas la
première civilisation à s'effondrer. Les Mayas et les
Crétois sont déjà passés par là. Nous naissons et mou-
rons comme naissent et meurent les étoiles, aussi
bien individuellement que collectivement. Telle est
notre réalité. Pour nous, justement en raison de sa
nature éphémère, la vie est précieuse. Car, comme
l'écrit Lucrèce, « notre appétit de vivre est vorace,

notre soif de vie insatiable » (*De rerum natura*, III, 1084). Mais, immergés dans cette nature qui nous a faits et nous porte, nous ne sommes pas des êtres sans domicile, suspendus entre deux mondes, liés à la nature mais nostalgiques d'autre chose. Non : nous sommes chez nous.

La nature est notre maison et dans la nature nous sommes chez nous. Ce monde étrange, multicolore et surprenant que nous explorons, où l'espace se granule, le temps n'existe pas et les choses peuvent n'être dans aucun lieu, n'est pas quelque chose qui s'éloigne de nous : c'est seulement ce que notre curiosité naturelle nous montre de notre maison. De la trame dont nous sommes faits nous-mêmes. Nous sommes faits de la même poussière d'étoiles que celle dont sont faites les choses et, soit lorsque nous sommes plongés dans la douleur, soit lorsque nous rions et qu'éclate notre joie, nous ne faisons qu'être ce que nous ne pouvons qu'être : une partie de notre monde.

Lucrèce le dit de manière splendide :

« Tous enfin nous sommes issus de la semence céleste,
le ciel est notre père et ses gouttes limpides
fécondent la mère accueillante et généreuse,
la terre qui enfante les blondes moissons,

les arbres florissants, les hommes et les bêtes,
et fournit à tous la nourriture qui repaît les corps,
et permet de mener douce vie et se reproduire... »

(II, 991-9971)

Par nature, nous aimons et nous sommes honnêtes. Par nature, nous voulons en savoir plus. Et nous continuons à apprendre. Notre connaissance du monde continue de s'accroître. Il y a des frontières, là où nous sommes en train d'apprendre, où brûle notre désir de savoir. Elles sont dans la structure du tissu de l'espace, dans les origines du cosmos, dans la nature du temps, dans le destin des trous noirs, dans le fonctionnement de notre pensée.

Ici, sur le bord de ce que nous savons, au contact avec l'océan de tout ce que nous ne savons pas, brillent le mystère du monde, la beauté du monde. Une beauté à couper le souffle.

Index

Par-delà le visible. La réalité du monde physique et la gravité quantique, Odile Jacob, 2015.

Et si le temps n'existait pas ? Un peu de science subversive, Dunod, 2012.

Anaximandre de Milet ou la Naissance de la pensée scientifique, Dunod, 2009.

Achevé d'imprimer en juillet 2015 sur rotative numérique Prosper
par Soregraph à Nanterre (Hauts-de-Seine).

Dépôt légal : septembre 2015
N° d'édition : 7381-3312-X
N° d'impression : 14647

Imprimé en France

L'imprimerie Soregraph est titulaire de la marque Imprim'vert® depuis 2004.
Ce livre est imprimé sur papiers issus de forêts gérées durablement.